AF353258